Bibliografische Information der Deutschen Nationalbibliothek:

Die Deutsche Bibliothek verzeichnet diese Publikation in der Deutschen National-
bibliografie; detaillierte bibliografische Daten sind im Internet über http://dnb.d-
nb.de/ abrufbar.

Impressum:

Copyright © 2018 GRIN Verlag
Druck und Bindung: Books on Demand GmbH, Norderstedt Germany
ISBN: 9783668788817

Dieses Buch bei GRIN:

https://www.grin.com/document/431167

Nora Schrader

Unterrichtsentwurf für den Modellbau von Venen und Arterien für einen Schülerkongress der siebten Jahrgangsstufe

GRIN Verlag

Referendarin: Nora Schrader

Schule: Stadtteilschule

Lerngruppe: Jahrgang 7 (24 SuS; 12 w, 12 m)

Thema des Lernvorhabens 1:   **Atmung und Blutkreislauf**

Überthema der Unterrichtseinheit: (Kontext: Alarmierende Fakten in Industrieländern: Immer mehr Menschen, vermehrt auch Jugendliche erkranken und sterben an Thrombose / Arteriosklerose) – Teilnahme am Schülerkongress *Ich stoppe Gefäßerkankungen -> Was passiert dabei in meinem Körper und wie kann ich mich davor schützen?*

Thema der Doppelstunde: Inwiefern kann ich eine Gefäßerkrankung in einem Modell darstellen und für den Schülerkongress nutzen?

1. Angaben zur Lerngruppe

Die ausgewählte Lerngruppe umfasst 24 Schülerinnen und Schüler (12 w, 12m) der Klasse 7. Ich unterrichte den Kurs seit Beginn des Schulhalbjahres 2017/18 wöchentlich eine Doppelstunde lang. Im Allgemeinen zeigt sich die Lerngruppe freundlich und aufgeschlossen mit einigen Besonderheiten, die Auswirkungen auf den Unterricht haben können und deshalb im weiteren Verlauf kurz skizziert werden.

Vor allem die Schüler haben ein großes Interesse und eine hohe Motivation für den naturwissenschaftlichen Unterricht. Schüler 1, Schüler 2, Schüler 3 Schüler 4, Schüler 5 und Schüler 6 fällt der Umgang mit Aufgabensettings, bei denen analytisches Denken erforderlich ist, leicht. Sie bereichern den Unterricht durch viele produktive Beiträge. Im Anforderungsbereich I gelingt nahezu allen Schülerinnen und Schülern ein adäquater Umgang mit naturwissenschaftlichen Themen. Viele Lernende benötigen insbesondere bei dem Verständnis und der Anwendung von Fachbegriffen Unterstützung. Delail, Sinai und Rabia zählen zu den Schülerinnen und Schülern mit Migrationshintergrund, die erst seit kurzem in Deutschland beschult werden. Delail kam in der dritten Septemberwoche in die Klasse; Sinai und Rabia besuchen seit einem halben Jahr die Stadtteilschule. Folglich sind sie noch nicht hinreichend mit fachsprachlichen Kontexten und mit einigen schulischen Gegebenheiten vertraut. Bezogen auf letzteres ist vor allen Dingen Delail im gesamten Schulleben immer wieder auffällig, indem er im Unterricht plötzlich Kung Fu Übungen ausführt und dabei fremdsprachliche Slogans widergibt. Dies hat vor allem Auswirkungen auf einen zieldifferent unterrichteten Schüler, Jesaim, der von sich aus schon im Schulalltag durch ein zielloses Herumirren charakterisiert wird und entsprechendes Verhalten von Delail zur Zeit noch zusätzlich imitiert, was im besten Fall Auswirkungen auf die gesamte Lerngruppe hat und das Unterrichten erschwert. Diese Schüler sollen immer wieder in einem konstruktiven Rahmen ermutigt werden, am Unterrichtsgeschehen zielführend zu partizipieren und nur im Notfall in einem anderen Raum (mit pädagogischer Begleitung) arbeiten.

Andere Lernende wie zum Beispiel Schüler 3 Schüler 7, Schüler 8 und Schüler 9 werden zwar zielgleich unterrichtet, haben jedoch einen sonderpädagogischen

Förderbedarf, der zum Teil noch nicht endgültig diagnostiziert und einem Förderschwerpunkt zugeordnet werden konnte. Schüler 3 und Schüler 7 haben eine Autismusspektrumsstörung, die sich im Unterrichtskontext meistens nur leicht im Rahmen einer fehlenden Empathie gegenüber Mitschülerinnen und -schülern bemerkbar macht. Schüler 9 weist starke Einschränkungen im Hörvermögen und Schüler 8 in ihren kognitiven Fähigkeiten auf, weshalb es hin und wieder einer zusätzlichen persönlichen Kommunikation über die Aufgabenstellung bedarf.

Um jeden der Lernenden die erfolgreiche Arbeit am Lerngegenstand zu ermöglichen, wird der Unterricht strukturiert, schüleraktivierend und mit vielen Differenzierungsmöglichkeiten ausgerichtet. Besonders geeignet sind handlungsorientierte, verbindliche Lernszenarien mit einem Lebensweltbezug. Die Schülerinnen und Schüler haben Freude daran, sich zu erproben, arbeiten konzentriert in Teams und können die Unterrichtsinhalte so besser verinnerlichen. Relevant sind hier stets visuelle und funktionale Unterstützungsmöglichkeiten. Beispielsweise sind neben der Aufgabenstellung zusätzliche Informationen und Tipps im gesamten Raum in unterschiedlicher Form vorhanden. Positiv wird von vielen zudem ein Expertenrat durch leistungsstärkere Lernende angenommen. Letztere haben nicht nur die Möglichkeit, in die Lehrerrolle überzugehen und ihr Wissen weiter zu geben, sondern auch die Themen mit diffizileren Aufgabenstellungen zu bearbeiten (in Anlehnung an den Anforderungsbereich III).

Letztendlich liegt der Fokus des Unterrichtsgeschehens auf einer konstruktiven Lernatmosphäre, in der unter anderem eine hohe Schüleraktivierung besteht.

Basierend auf diesen Aspekten wird die folgende Hospitationsstunde ausgerichtet.

2. Thema der Unterrichtseinheit und der Stunde

Das aktuelle Lernvorhaben befasst sich mit dem Thema *Atmung und Blutkreislauf*. Zu letzterem wurde von der Lehrkraft eine projektorientierte Unterrichtseinheit initiiert, die neben einem Verständnis für den Blutkreislauf die Funktionsweise von Gefäßen und das Bewusstsein für ein präventives Gesundheitsbewusstsein schult. Die Hospitationsstunde zeigt einen Ausschnitt, in dem die Lernenden zu zweit (evtl. zu dritt) Modelle einer Gefäßerkrankung (Venenthrombose oder Arteriosklerose) erstellen, die sie im folgenden Unterricht in einem quasi-authentischen Schülerkongress für eine präventive Gesundheitsaufklärung nutzen.

3. Einbettung der Stunde in die Gesamtplanung

Die Hospitationsstunde ist Bestandteil der Unterrichtseinheit *Atmung und Blutkreislauf* mit dem schulinternen Schwerpunkt auf letzterem. Im Zuge dieses Lernvorhabens können die Schülerinnen und Schüler unter anderem die Zusammensetzung der Atemluft, den Aufbau der Atmungswege sowie die Brust- und Bauchatmung beschreiben (Kompetenzbereich Fachwissen). Zudem wenden sie ihr Fachwissen an einem Anschauungs- und bereits an einem Funktionsmodell an (Kompetenzbereich Erkenntnisgewinnung). Darüber hinaus analysieren sie die Aussagekraft von Modellen und können in ersten Kontexten sach- sowie fachbezogen kommunizieren (Kompetenzbereiche Bewertung und Kommunikation).

In der ersten Einheit der Doppelstunde zum Thema Herz, Puls und Blutdruck beschreiben die Lernenden den Aufbau des Herzens sowie die Funktion in Zusammenhang mit der Puls- und Blutdruckmessung und bewerten diese (Kompetenzbereiche Fachwissen und Bewertung). In der zweiten Einheit können sie einen Versuch zur Bestimmung ihres Pulses und Blutdrucks anwenden und durchführen (Kompetenzbereich Erkenntnisgewinnung) sowie die Resultate auswerten und analysieren (Kompetenzbereich Bewertung).

Im folgenden Unterrichtsverlauf beschreiben die Lernenden die Zusammensetzung und die Aufgaben des Blutes sowie den Bau und die Funktion des Blutkreislaufs (Kompetenzbereich Fachwissen). Zudem erläutern sie den Zusammenhang zwischen Bau und Funktion von Blutgefäßen (Kommunikation) und können ausgewählte Herz-Kreislauf-/Gefäß-Erkrankungen (Venenthrombose / Arteriosklerose) beschreiben sowie modellhaft darstellen, evaluieren und präventive Maßnahmen zur Gesunderhaltung erklären (Kompetenzbereich Fachwissen, Erkenntnisgewinnung, Kommunikation, Bewertung). In der Hospitationsstunde wird ein Ausschnitt dessen mit dem Fokus auf Modellbau und -evaluation gezeigt.

Nach Abschluss dieser Unterrichtseinheit mit dem Schülerkongress folgt ein Forschungsprojekt zu den Themen Wundverschluss und Blutgruppen mit Fallbeispielen.

Einen Überblick der Themen und Schwerpunktlernziele des Lernvorhabens *Atmung und Blutkreislauf* gibt die folgende Tabelle:

Thema (in Unterrichtseinheiten)	Schwerpunktlernziele
(1a. Sicherheit im Fachraum) 1b. Zusammensetzung der (Atmen)-Luft; Atemzugs- und Lungenvolumen	Die SuS können die Zusammensetzung der Atemluft beschreiben sowie ihr Atemzugs- und Lungenvolumen bestimmen.
2. Aufbau der Atmungswege und Vorgänge bei der Atmung	Die SuS können den Aufbau der Atmungswege (mithilfe von Modellen) erkennen und den Weg der Atemluft sowie den Gasaustausch in der Lunge beschreiben. Sie können die Brust- und Bauchatmung erklären.
3a. Bau und Funktion des Herzens im Zusammenhang mit der Puls- und	Die SuS können den Bau und Funktion des Herzens sowie die Bedeutung und

Blutdruckmessung	die Relevanz der Puls- und Blutdruckmessung beschreiben.
3b. Versuchsdurchführung zur Pulsmessung in Abhängigkeit von körperlicher Belastung und Ruhe	Die Schülerinnen und Schüler können einen Versuch zur Bestimmung ihres Pulses und Blutdrucks anwenden / durchführen. Die Schülerinnen und Schüler können die Versuchsresultate auswerten und analysieren.
4. Blutbestandteile und Aufgaben	Die SuS können die Aufgaben und die Zusammensetzung des Blutes beschreiben.
5./6./7./8. Der Blutkreislauf (Bau und Funktion) sowie Herz-Kreislauf- / Gefäß-Erkrankungen und präventive Maßnahmen (Schwerpunkt Venenthrombose und Arteriosklerose)	Die SuS benennen den Bau und die Funktion des Lungen- und Körperkreislaufs. Die SuS erläutern im Zusammenhang mit dem Weg des Bluts durch den Körper Bau, Idealfunktion sowie Funktionseinschränkungen von Blutgefäßen und deren Folgen. Die SuS können in diesem Kontext ausgewählte Herz-Kreislauf-/Gefäß-Erkrankungen beschreiben. **Sie können hierzu ein Modell erstellen,** die Erkrankung an diesem erklären **und die Aussagekraft des Modells analysieren.** Zudem können sie präventive Gesundheitsmaßnahmen beschreiben.

9./10./11./12		
Forschungsprojekt (nachgeschoben aufgrund anstehender Materialbeschaffung)	Blut von	Schwerpunktthemen: Wundverschluss, Blutgruppen, Fallbeispiele (alle Kompetenzbereiche)

Darüber hinaus zeigt die folgende tabellarische Übersicht einen detaillierten Aufbau über die projektartige Unterrichtseinheit, in der die Hospitationsstunde verankert ist:

Ausgangspunkt und Ziel der Einheit	Methodische Umsetzung
Der Blutkreislauf im Idealfall -> Funktionseinschränkungen mit Folgen -> **Erkrankungen von Blutgefäßen im Modellbau (Venenthrombose / Arteriosklerose)** -> Prävention -> Vortrag auf einem „Schülerkongress"	-Umgang mit Fachtexten -> Bau eines Blutkreislaufs mit Rollenspiel -> Ereignis Funktionsstörung -> Skizzierung der Gefäße mit Gerinnseln -> **Modellbau, -evaluation,** -kritik -> Recherche zu präventiven Maßnahmen -> Schülerkongress mit Modellen (Erklärung der Erkrankung (am Modell) sowie Relevanz und Prävention; die SuS tauschen sich in einem Rollenspiel jeweils über das nicht bearbeitete Thema aus und müssen Informationen herausarbeiten)
Entwicklung von Regeln und Modellkriterien	Lernenden benennen Regeln und Kriterien für den Modellbau -> Benennung der Aspekte, die für einen Modellbau sinnvoll sind. Per se zeigt sich im Modellbau Differenzierung (Erkenntnisgewinnung – Imagination – Modellkompetenz).

	Differenzierung der Kriterien seitens der Lehrkraft:
	Verschiedene Bestandteile sind dargestellt
	→ Außenhaut, Muskelschicht, Innenhaut, Gerinnsel (Mindestanforderung)
	→ Blut; Schiebeelemente (erweiterte Anforderung)
	2. Es gibt Beschriftungen
	→ Außenhaut, Muskelschicht, Innenhaut, Gerinnsel (Mindestanforderung)
	→ Blut; Schiebeelemente (erweiterte Anforderung)
	3. Verschiedene Materialien und Farben unterstützen die Darstellung
	→ Mindestens zwei verschiedene Aspekte
	→ weitere Elemente (erw. Anf)
	Erwartet wird ein zwei- oder dreidimensionales Anschauungsmodell ggfs. mit Schiebeelementen (Einfügen und Entfernen des Gerinnsels in die Vene / Arterie) aus mehrschichtigen Papierelementen. Den Lernenden ist das nicht bekannt; sie verfügen nur das Wissen über die selbst hergeleiteten Kriterien zum Modellbau.
Modellanfertigung	-unter „Zeitdruck" und Verbindlichkeit im Unterricht
	-Planungshilfe: Skizzierung und Modell-Analogisierung vorab sowie Bereitstellung von Materialien und

	Hilfsstationen mit exemplarischen Modellen (jeweils 30 Sekunden zur Ansicht) -Modifikation der Modelle in der nächsten Unterrichtsstunde möglich
Modellevaluation und -kritik	-mithilfe der Modellkriterien differenziert mit Symbolen und einer schriftlichen Rückmeldungsform -anschließend kurzer mündlicher Austausch -Notierung der veränderungswürdigen Aspekte -> Überarbeitung in der folgenden Stunde -Sicherung und Reflexion in Bezug auf die Eignung beim Schülerkongress unter Einbezug von Möglichkeiten und Grenzen des Modells -> in Hospitationsstunde erste Annäherung an die Modellkritik -> in Folgestunde schriftliche Modellkritik mit verstärkter Fokussierung auf die Darstellungsmöglichkeiten und in Bezug auf die Realität
Bewertung	-Einbezug in die laufende Kursarbeit -Arbeitsprozesse -> während der Einheit -> Produkt mit Orientierung an Kriterien für den Modellbau -> Endpräsentation der Modelle mit

	Informationstext beim Kongress

4. Schwerpunktlernziele der Stunde

<u>Kompetenzbereich Erkenntnisgewinnung (Anforderungsbereich II/III)</u>

- Die Schülerinnen und Schüler können ein Modell zur Thrombose / Arteriosklerose entwickeln (erwartet wird ein Anschauungsmodell ggfs. mit Schiebeelementen).

<u>Kompetenzbereich Bewertung (Anforderungsbereich II/III)</u>

- Die Schülerinnen und Schüler können die Aussagekraft von Modellen zur Gefäßerkrankung beurteilen und analysieren.

<u>Kompetenzbereich Kommunikation (Anforderungsbereich II/III)</u>

- Die Schülerinnen und Schüler präsentieren und tauschen ihre zuvor herausgearbeiteten Kriterien für die Modellevaluation aus.

5. Ein Planungshinweis

Eine Begründung der (methodisch-) didaktischen Überlegungen ist nicht Bestandteil dieses Entwurfs. Jedoch sei an dieser Stelle auf die didaktische Reduktion des zu erstellenden Modells sowie auf die gewählte *low-cost*-Variante aufgrund der entsprechenden Rahmenbedingungen hingewiesen.

In dieser Stunde werden lediglich ausgewählte Teilkompetenzen zur Erstellung eines Modells und der anschließenden Reflexion fokussiert.

6. Verlaufsplanung (in tabellarischer Form)

Zeit	Phase (im Lernprozess)	Arbeitsform	Lehreraktivitäten	Schüleraktivitäten	Materialien
13:00	**Begrüßung – Organisatorisches** Vorstellung des Themas und des Ablaufs	L-S-S-I	L begrüßt die SuS	- zuhören - stellen den Ablaufplan vor	Tafel
13:05	**Thematischer Einstieg** Öffnung des subjektiven Konzepts Motivation des Modellbaus (Lebensweltbezug)	D-A-B EA	- Moderation - L zeigt eine Grafik *„Assoziiert Begriffe und formuliert einen Bezug zum Unterrichtsthema".* - L notiert Stichpunkte in einem Fließschema -L leitet mit Zeitungsartikel zur Motivation des Experiments über -> *„Lest den Artikel. Formuliere deinen Beitrag in einem Satz".* - L vervollständigt	- SuS überlegen, tauschen sich aus und berichten. -SuS formulieren und nennen die Motivation / Relevanz	Tafel OHP M1a und M1b (Grafik und Zeitungsartikel)

		Plenum	Fließschema		
13:15	**Hinführung zum Modellbau** Skizzierung und Analogisierung	PA /KGA	- Anmoderation (erklärt verbindlichen Arbeitsauftrag, fordert zum Arbeiten auf) - steht lernbegleitend zur Seite; interveniert ggfs.	- skizzieren einen Modellaufbau nach selbst erstellten Kriterien (Aspekte auswählen, die sinnvoll darstellbar sind) -analogisieren Modellbestandteile	OHP M3 (bereits bekannt) M4
13:25	**Zwischensicherung**	Plenum	- Moderation	-nennen Ideen	
13:30 (ca. 15 bis 20 min Modellbau)	**Erarbeitung I** Modellbau *(situationsabhängig ggfs. in Einzelschritten)*	PA/KGA	- Anmoderation (erklärt verbindlichen Arbeitsauftrag, fordert zum Arbeiten auf) - steht lernbegleitend zur Seite; interveniert ggfs.	- bauen ein Modell (erwartet wird ein Anschauungsmodell; ggfs. mit Schiebeelementen)	M2, M3, M4 (OHP M5) + Hilfsstationen Materialien wie z.B. Papier, Pappe, Klebe
13:50	**Erarbeitung IIa** Modellevaluation	PA/KGA	- Moderation (erklärt Arbeitsauftrag in zwei Schritten, fordert zum Arbeiten auf)	- evaluieren ein anderes Modell mit der gleichen Erkrankung schriftlich	OHP M6
13:58 ➔ Unterrichtsausstieg möglich	**Erarbeitung IIb** Modellevaluation	GA	- steht lernbegleitend zur Seite; interveniert ggfs. -Anmoderation	-geben der jeweils anderen Gruppe mündlich ein Feedback	OHP M6

12

				-notieren sich Aspekte zur Modellveränderung in der nächsten Stunde - SuS überlegen, tauschen sich aus und berichten.	
14:05	**Sicherung / Reflexion** Beantwortung der Leitfrage und Reflexion des Modells	D-A-B-> Redekette (je nach Redeertrag evtl. Abstimmung mit Handzeichen zum Schluss zur Mitnahme des Modells)	-L-Impuls: *„Begründe, ob dein Modell die Erkrankung angemessen darstellt und mit zum Schülerkongress genommen werden kann."* Hilfe: Ich kann das Modell mitnehmen, weil… Das Modell zeigt… Ich muss noch verändern… Das Modell zeigt nicht…		OHP M7
14:10	**Ausblick und Verabschiedung**	L-Beitrag	- Moderation (Bezug zur Mitarbeit in der Stunde, Ausblick, Hausaufgabe *„Recherchiere präventive (vorbeugende) Maßnahmen zu deiner Gefäßerkrankung."*, Modellverbleib,	-verinnerlichen die Hausaufgabe *Recherche zu präventiven Maßnahmen gegen Gefäßerkankungen*	

			Verabschiedung)	-geben Modelle ab verabschieden sich	

Didaktische Reserve:

Methodische Reflexion

„Nenne Aspekte, die heute während des Modellbaus gut funktioniert haben.“

„Nenne Aspekte, die du beim nächsten Mal anders machen möchtest.“

7. Anhang

- **M1a/b: Folie mit Grafik und Zeitungsartikel zum Einstieg (OHP)**

- **M2: DINA3/Plakate im Raum mit von den SuS entwickelten Regeln für den Modellbau (Plakatform)**

- **M3a/b: bereits bekanntes AB aus den Vorstunden zum Aufbau der Blutgefäße; kann genutzt werden zur Unterstützung des Modellbaus**

- **M4a/b: AB und Folie zur Modellskizzierung und Analogisierung**

- **M5: Folie Arbeitsanweisung zum Modellbau**

- **M6a/b: AB und Folie zum Feedback**

- **M7: Folie Reflexion**

- **M8: geplantes Tafelbild**

- **M9: Sitzplan**

<table>
<tr><td>M1a</td><td>StS</td><td>Name:</td><td>Biologie Jg. 7</td><td>Seite</td></tr>
<tr><td></td><td></td><td>Datum:</td><td>Atmung und Blutkreislauf</td><td></td></tr>
</table>

Folie mit Grafik und Zeitungsartikel zum Einstieg

Tod durch verschiedene Erkrankungen in Deutschland 2018

→ **Herz- und Kreislauferkrankungen**   38,5 %
→ **Krebs**   24,5 %
→ **Krankheiten des Atmungssystems**   7,4 %
→ **Psychische Erkrankungen**   4,8 %
→ **Krankheiten des Verdauungssystems**   4,3 %
→ **Verletzungen**   3,9 %
→ **Infektionen**   2,2 %

Quelle: statistisches Bundesamt

1b

Alarmierende Fakten in Industrieländern: Immer mehr Menschen, vermehrt auch Jugendliche erkranken und sterben an Thrombose / Arteriosklerose – Die Stadtteilschule initiiert den Schülerkongress *Ich stoppe Gefäßerkankungen -> Was passiert dabei in meinem Körper und wie kann ich mich davor schützen?*

Wiesbaden – Insgesamt ist die Zahl der Todesfälle in Deutschland gegenüber dem Vorjahr um fast 7 Prozent angestiegen. Die häufigste Todesursache war eine Herz-Kreislauferkrankung, an der fast 40 Prozent der Menschen starben. Herz-Kreislauferkrankungen können ausgelöst werden durch eine Gefäßverengung in Venen oder Arterien. Die häufigsten Erkrankungen sind die Arterienverkalkung, die Arteriosklerose und die Thrombose. Löst sich ein Gerinnsel aus den Blutgefäßen und wandert zum Herzen oder ins Gehirn, droht Lebensgefahr im Zuge eines Herzinfarktes. Erschreckende Zahlen zeigen, dass dies nicht nur auf die ältere Bevölkerung zutrifft, sondern dass auch immer mehr Jugendliche betroffen sind. Zur Sensibilisierung und zur präventiven Gesundheitsförderung initiiert die Stadtteilschule einen Schülerkongress. Schülerinnen und Schüler erklären geladenen Gästen mithilfe von Modellen verschiedene Herz-Kreislauf-/Gefäßerkrankungen und weisen auf präventive Maßnahmen hin.

Anmeldung zum Kongress ist per Mail bis zum 24.11.2018 möglich.

<table>
<tr><td>StS</td><td>Name:</td><td>Biologie Jg. 7</td><td>Seite</td></tr>
<tr><td></td><td>Datum:</td><td>Atmung und Blutkreislauf</td><td></td></tr>
</table>

Regeln für den Modellbau auf Plakaten / DINA3-Blättern: (von den SuS in den Vorstunden entwickelt)

Ich nehme mir nur so viel Material wie nötig.

Ich gehe achtsam mit dem Material um.

Ich achte auf eine angemessene Lautstärke.

Ich lenke andere Gruppen nicht ab.

Am Ende räume ich meinen Arbeitsplatz auf.

AB aus den Vorstunden; kann genutzt werden zur Unterstützung im Modellbau

1. **Nenne Bestandteile der Vene, die sinnvoll in einem Modell abgebildet werden können.**

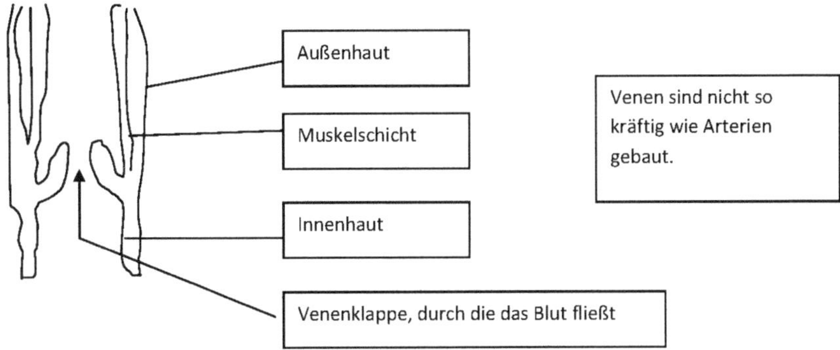

2. Stelle in einem Fließschema die Entstehung der Thrombose dar. (Tipp: Neben dem Film können dir die Abbildung und der Text helfen)

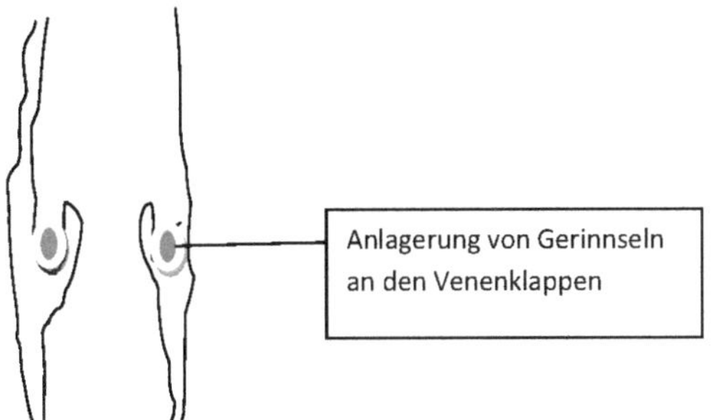

Thrombose (lateinisch thrombus = Blutgerinnsel) ist eine Folge eines verlangsamten Blutflusses in den Venen. Das Blut, genauer gesagt die Blutzellen, können verklumpen und die Venen verschließen. Wandert ein solches Blutgerinnsel = Thrombus von der Vene zum Herzen, kann man einen Herzstillstand erleiden.

<table>
<tr><td>StS</td><td>Name:</td><td>Biologie Jg. 7</td><td>Seite</td></tr>
<tr><td></td><td>Datum:</td><td>Atmung und Blutkreislauf</td><td></td></tr>
</table>

M3b

AB aus den Vorstunden; kann genutzt werden zur Unterstützung im Modellbau

1. **Nenne Bestandteile der Arterie, die sinnvoll in einem Modell abgebildet werden können.**

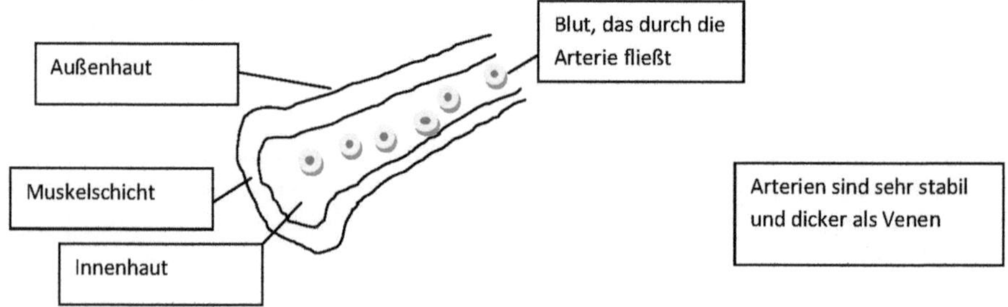

2. Stelle in einem Fließschema die Entstehung der Arteriosklerose dar. (Tipp: Neben dem Film können dir die Abbildung und der Text helfen)

Bei der Arteriosklerose handelt es sich um eine „Verkalkung" der Arterie. Dabei lagert sich Stoff wie zum Beispiel Kalk in die Arterie ein und kann sie verengen oder ganz verschließen. Somit ist der Blutfluss unterbrochen. Das Organ nimmt schaden und ein Herzstillstand kann folgen

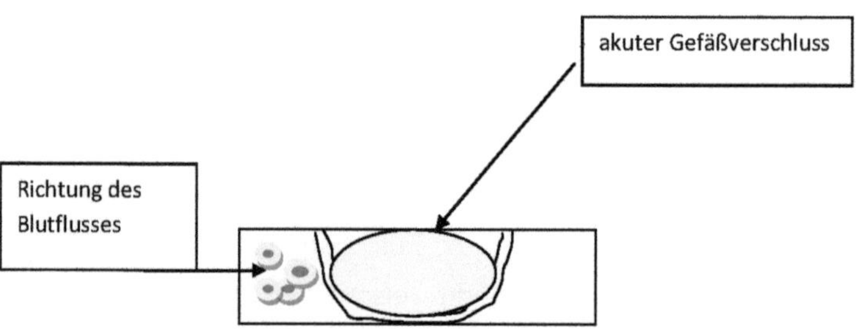

<table>
<tr><td>StS</td><td>Name:</td><td>Biologie Jg. 7</td><td>Seite</td></tr>
<tr><td>M4a</td><td>Datum:</td><td>Atmung und Blutkreislauf</td><td></td></tr>
</table>

1. Skizziert den Bau einer Vene mit einer Thrombose.

-> Beachtet die Kriterien zum Modellbau

   a) **verschiedene Bestandteile** sind dargestellt

     - **Außenhaut, Muskelschicht, Innenhaut, Gerinnsel**

   b) die Bestandteile sind **beschriftet**

   c) **Farben und Materialien** unterstützen die Darstellung

Skizze für unser Modell:

2. Analogisiert die Bestandteile des Modells mit den Materialien.

Bauelement	Material
z.B. Außenhaut	z.B. rotes Papier

<table>
<tr><td rowspan="2">StS

M4b</td><td>Name:</td><td>Biologie Jg. 7</td><td rowspan="2">Seite</td></tr>
<tr><td>Datum:</td><td>Atmung und Blutkreislauf</td></tr>
</table>

1. Skizziert den Bau einer Arterie mit einer Arteriosklerose.

-> Beachtet die Kriterien zum Modellbau

  a) **verschiedene Bestandteile** sind dargestellt

    - **Außenhaut, Muskelschicht, Innenhaut, Gerinnsel**

  b) die Bestandteile sind **beschriftet**

  c) **Farben und Materialien** unterstützen die Darstellung

Skizze für unser Modell:

2. Analogisiert die Bestandteile des Modells mit den Materialien.

Bauelement	Material
z.B. Außenhaut	z.B. rotes Papier

<table>
<tr><td>StS</td><td>Name:</td><td>Biologie Jg. 7</td><td>Seite</td></tr>
<tr><td></td><td>Datum:</td><td>Atmung und Blutkreislauf</td><td></td></tr>
</table>

OHP-Folie mit Arbeitsauftrag

3. Baut das Modell zu zweit / zu dritt.

-> Beachtet die Kriterien zum Modellbau

   a) **verschiedene Bestandteile** sind dargestellt

     - **Außenhaut, Muskelschicht, Innenhaut, Gerinnsel**

   b) die Bestandteile sind **beschriftet**

   c) **Farben und Materialien** unterstützen die Darstellung

Schon fertig?! Erkläre die Gefäßkrankheit mithilfe des Modells!

4a. Evaluiert ein anderes Modell. Kreuzt das Zutreffende an.

Kriterien	☺ trifft zu	☹ trifft zum Teil zu	☹ trifft nicht zu
Verschiedene Bestandteile (Außenhaut, Innenhaut, Gerinnsel...)sind dargestellt.			
Eine **Beschriftung** der Bestandteile ist vorhanden.			
Verschiedene Farben und Materialien unterstützen die Darstellung.			

→ Notiere. Das fehlt / das kann überarbeitet werden:____

4b.

→ Gebt der anderen Gruppe mündlich ein Feedback.
→ Lasst euch ein Feedback von der anderen Gruppe geben.
→ Notiert Aspekte, die ihr an eurem Modell verändern möchtet.

!!!!!

→ Beginne mit etwas Positivem ☺
→ Spreche in der Ich-Form

- Höre zu!
- Verteidige dich nicht!
- Bedanke dich.

Wir möchten das an unserem Modell verändern:____

HA: *Recherchiere präventive (vorbeugende) Maßnahmen zu deiner bearbeiteten Gefäßerkrankung.*

M6b

OHP-Folie mit Feedbackregeln

☺ **Ich finde dein Modell gut, weil**_______________________________________

☺ **Ich finde dein Modell zeigt gut:**_______________________________________

☺ **Ich denke, dass du noch etwas verändern kannst:**_______________________________________

☹ **Dein Modell ist doof.**

M7

Folie zur Reflexion

„Begründe, ob dein Modell die Erkrankung angemessen darstellt und mit zum Schülerkongress genommen werden kann."

Hilfe:

Ich kann das Modell mitnehmen, weil…

Das Modell zeigt…

Ich muss noch verändern…

Das Modell zeigt nicht…

Hausaufgabe „Recherchiere präventive (vorbeugende) Maßnahmen zu deiner Gefäßerkrankung."

<table>
<tr><td>StS</td><td>Name:</td><td>Biologie Jg. 7</td><td>Seite</td></tr>
<tr><td></td><td>Datum:</td><td>Atmung und Blutkreislauf</td><td></td></tr>
</table>

M8

Geplantes Tafelbild

<table>
<tr><td>

1. Einstieg

-> Themenbezug, Relevanz

2. Modellbau

-> Skizzierung und Analogisierung

-> Bauphase

-> Evaluation (2 Phasen)

-> Modellreflexion

</td><td>

Fließschema mit Leitfrage am Ende
Inwiefern kann ich eine
Gefäßerkrankung in einem Modell
darstellen und für den
Schülerkongress nutzen?

</td></tr>
</table>

M9

Sitzplan im Fachraum Biologie

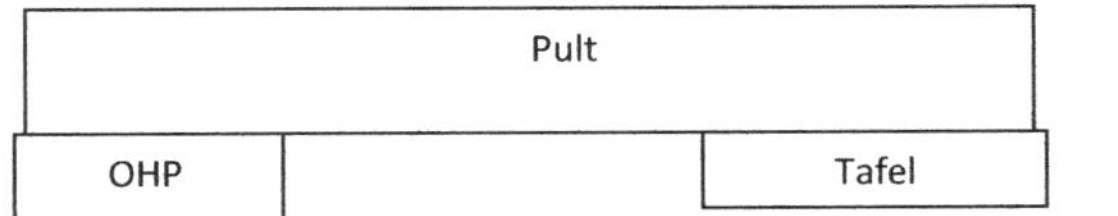